Dieter Nührmann

AM- und FM-Empfänger – Nachbauschaltungen für den Könner

Vom AM-Empfänger bis zum Mini-UKW-Super

Mit 62 Abbildungen

Franzis'

Franzis-Taschenbuch Nr. 216

CIP-Titelaufnahme der Deutschen Bibliothek

Nührmann, Dieter:
AM- und FM-Empfänger – Nachbauschaltungen für den Könner: vom AM-Empfänger bis zum Mini-UKW-Super / Dieter Nührmann. – München: Franzis, 1988.
(Franzis-Taschenbuch; Nr. 216)
ISBN 3-7723-2161-5

© 1988 Franzis-Verlag GmbH, München

Sämtliche Rechte – besonders das Übersetzungsrecht an Text und Bildern vorbehalten. Fotomechanische Vervielfältigungen nur mit Genehmigung des Verlages. Jeder Nachdruck, auch auszugsweise, und jede Wiedergabe der Abbildungen auch in verändertem Zustand, sind verboten.
Satz: Franzis-Druck GmbH, München
Druck: Offsetdruck Hablitzel, 8060 Dachau
Printed in Germany. Imprimè en Allemagne.

ISB N 3-7723-2161-5

Vorwort

Wer Radiotechnik begreifen will, sollte ein Radio bauen. An diese Zielgruppe ist dieses Taschenbuch gerichtet. Deshalb wurde auf die Theorie der Funktechnik und dafür erforderlichen Hinweise für den Aufbau von HF-Schaltungen verzichtet. Wer sich unsicher fühlt, sollte auf das Franzis-Elektronikbuch: Radio basteln – Der Einstieg in die Elektronik, zurückgreifen, dem die vorliegende Nachbauanleitung für den HF-Könner entnommen ist.

Die in diesem Buch verwendeten Bauelemente können über den Fach- oder Elektronik-Versandhandel bezogen werden – unter Hinweis auf die entsprechende Schaltung. Es ist möglich, daß man im Einzelfall auf äquivalente Ersatztypen zurückgreifen muß. Die bei dem AM-Super benutzten Abstimmdioden können evtl. im Autoradioservice als Ersatzteil (AM-Abstimmdiode) beschafft werden. Von dieser Möglichkeit kann auch bei der FM-Diode Gebrauch gemacht werden.

Von den vielen möglichen Lieferanten, die Sie im Inserententeil der Zeitschrift ELO des Franzis-Verlages nachlesen können, möchte ich Ihnen diese Firmen nennen:

Conrad electronic, 8452 Hirschau, Postfach 1180,
Tel. 0 96 22/1 90
RIM electronic, 8000 München 2, Postfach 20 20 26,
Tel. 0 89/59 34 80
Völkner Electronic, 3300 Braunschweig, Postfach 5420,
Tel. 5 31/8 70 01

Dieter Nührmann

Wichtiger Hinweis

Die in diesem Buch wiedergegebenen Schaltungen und Verfahren werden ohne Rücksicht auf die Patentlage mitgeteilt. Sie sind ausschließlich für Amateur- und Lehrzwecke bestimmt und dürfen nicht gewerblich genutzt werden*).
Alle Schaltungen und technischen Angaben in diesem Buch wurden vom Autor mit größter Sorgfalt erarbeitet bzw. zusammengestellt und unter Einschaltung wirksamer Kontrollmaßnahmen reproduziert. Trotzdem sind Fehler nicht ganz auszuschließen. Der Verlag und der Autor sehen sich deshalb gezwungen, darauf hinzuweisen, daß sie weder eine Garantie noch die juristische Verantwortung oder irgendeine Haftung für Folgen, die auf fehlerhafte Angaben zurückgehen, übernehmen können. Für die Mitteilung eventueller Fehler sind Autor und Verlag jederzeit dankbar.

*) Bei gewerblicher Nutzung ist vorher die Genehmigung des möglichen Lizenzinhabers einzuholen.

Inhalt

1 Hier die Praxis – wir bauen ein Radio 7

1.1 Das Gerät im Gehäuse oder ein modulares System 7
1.2 Der Aufbau der modularen Gestellbauweise 7
1.3 Das Bedienfeld, die Steckverbinder und was sonst noch dahinter steckt 11
1.4 Die Stromversorgung und ihr Aufbau 17
1.5 Der Niederfrequenzverstärker soll das demodulierte Tonsignal verstärken 22

2 Mit dem Rückkopplungsempfänger bis in die Kurzwelle 29

2.1 ... und so kann der Rückkopplungsempfänger aufgebaut werden 29
2.2 Ein Vorverstärker für entfernte Sender 42

3 Der Überlagerungsempfänger – der Super – zum Nachbauen 50

3.1 Ein einfacher Aufbau mit dem IC TDA 1072 (A) 50

4 UKW bis 100 MHz – und was dahinter steckt ... 62

4.1 Der UKW-Super mit dem Valvo-IC TDA 7000 63
4.2 Mini-Quadro – der kleine Batterie-UKW-Empfänger ... 69

Weiterführende Literatur 76

Sachverzeichnis 77

1 Hier die Praxis – wir bauen ein Radio

In diesem Kapitel soll zunächst erläutert werden, wie die Stromversorgung für ein einfaches Radiosystem aufgebaut werden kann und was es mit dem Ton- oder Niederfrequenzverstärker auf sich hat. Doch zuerst ...

1.1 Das Gerät im Gehäuse oder ein modulares System

Was verstehen wir unter einem „Gerät im Gehäuse"? Ein Kofferradio z. B. ist ein Gerät im Gehäuse. Ein HiFi-Tuner mit seinen verschiedenen Komponenten ist demgegenüber ein modulares System. Dieses ist vielseitiger, einzelne Funktionsgruppen lassen sich leicht auswechseln. Wir bauen beides. So z. B. den UKW-Empfänger, wie er im Franzis-Elektronikbuch „Radio basteln – Der Einstieg in die Elektronik", in Kapitel 7.2 (Nührmann), als einzelnes, voll funktionsfähiges Gerät oder als modulares System in Abb. 1.2-1a dieses Taschenbuches gezeigt ist. Hier können einzelne Empfangsteile leicht gewechselt werden – aus dem Einkreisempfänger wird der Kurzwellensuper. Eine Hochfrequenzvorstufe oder sogar ein UKW-Empfänger lassen sich in dieses System leicht einfügen.

1.2 Der Aufbau der modularen Gestellbauweise

Die *Abb. 1.2-1a* dient zur Übersicht. Hier sind die montierten Baugruppen zu erkennen. Der Unterbau ist der *Abb. 1.2-1b* zu

Abb. 1.2-1a Die Aufsicht auf das modulare System läßt die einzelnen Baugruppen gut erkennen

Abb. 1.2-1b Die Unterseite zeigt die Platinenanordnung, Kabelführung und den mechanischen Aufbau

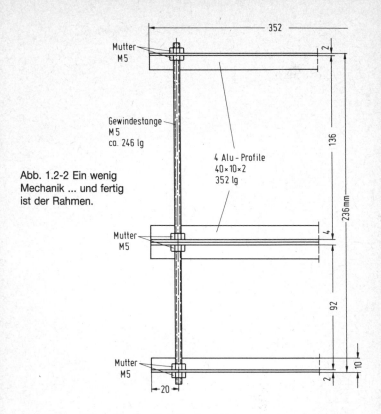

Abb. 1.2-2 Ein wenig Mechanik ... und fertig ist der Rahmen.

entnehmen. Vier Alu-Profile – in der Mitte zwei gegeneinandergeschraubte – von gleicher Größe, und zwar jedes 40 × 10 × 2 mm bei 35,2 cm Länge, werden links und rechts mit zwei Gewindestangen M5 von 24,5 cm Länge gehalten. Die Gewindestangen werden im Abstand von 20 mm vom Rand und auf Mitte, also um je 20 mm des breiten Alu-Flansches von der Ober- oder Unterkante entfernt, durch ein 5-mm-Loch geführt. Alu-Profile und Gewindestangen sind im Eisenwarenhandel oder im Modellbau-Geschäft als „Normteile" zu erhalten. In den schmalen 10-mm-Flansch des L-Profiles werden später Löcher gebohrt. Entweder

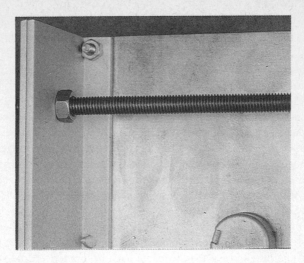

Abb. 1.2-3 Hier als Detail die Montage der beiden mittleren Alu-Profile

mit Gewindeschnitt, als Durchgangsloch mit Schraube und Mutter, oder als Loch für selbstschneidende Blechschrauben. Die Platinen werden dort angeschraubt. *Abb. 1.2-2* als Skizze und *Abb. 1.2-3* lassen die Montage der Gewindestange an den mittleren beiden Alu-Profilen erkennen.

In der Abb. 1.2-1 sind im vorderen Teil rechts die Bedienteile für das NF-Teil, das Output-Meter und der Netzschalter zu erkennen. Ebenfalls eine grüne LED-Kontrolleuchte. Die Vorderseite des Alu-Profiles erhält zwei Bohrungen. Einmal für eine DIN-NF-Buchse – der NF-Verstärker kann so auch als Signalverfolger oder mit einem externen Signal gespeist werden. Weiterhin die zweite Normbuchse für den Lautsprecher oder Kopfhörerstecker. Die linke vordere Bedienplatte dient der Abstimmung für die Sender. Diese erfolgt über Kapazitätsdioden.

Im hinteren Teil ist rechts fest montiert die Stromversorgung untergebracht. Daneben der NF-Verstärker. Diese beiden vorderen Teile und die beiden Baugruppen hinten rechts bilden den Grundaufbau. Je nach Empfängertyp werden dann oben links eine oder zwei Platinen eingeschraubt und mit Steckverbinder angeschlossen. In der Abb. 1.2-1a ist als Beispiel die Platine des Rückkopplungsempfängers eingebaut.

Schließlich ist der Rückkopplungsregler für den Ein- oder Zweikreisempfänger zur Empfindlichkeitseinstellung im linken Bedienfeld untergebracht. Auch für dieses Bedienfeld gibt es eine „Kehrseite", wie es die Abb. 1.3-2b als Ausschnitt zeigt. Übrigens können wir in dieser Abbildung auch die großzügig angeordnete Massefläche des Einkreisempfängers erkennen; denn das haben wir schon öfter gelesen: Von sinnvoll viel „Masse" lebt die HF-Technik.

Dann soll in der Abb. 1.3-3 noch ausführlich dargestellt sein, was es mit den Steckverbindungen auf sich hat. Wie unschwer zu erkennen ist, werden Platinennägel nach bekannter Art mit der entsprechenden Platinenbahn verbunden – die Litze erhält den Schuh angelötet und fertig ist die Verbindung. Das gilt auch für die abgeschirmten Leitungen.

Doch es gibt noch eine Ausnahme. Die Drahtbrücke von Platine zu Platine. Eine derartige Brücke mit zwei aufgelöteten Schuhen ist ebenfalls in Abb. 1.3-3 oberhalb der beiden Montageschrauben zu sehen. Die Brücken werden aus „Elektriker-Volldraht" 1,5 mm^2 hergestellt. Je nach Nagelabstand sollten wir uns hier auf zwei „Hausnormlängen" einigen.

Wir werden in dem folgenden Kapitel lesen, welche Baugruppen die Platinen im einzelnen enthalten.

1.3 Das Bedienfeld – die Steckverbinder und was sonst noch dahintersteckt

Sehen wir uns noch einmal die Abb. 1.2-1a an, so soll hieraus jetzt das vordere Bedienfeld besprochen werden. Die Schaltung dazu

Abb. 1.3-1a Das rechte Bedienfeld mit Teil des Netzgerätes

finden wir bei den Besprechungen der Baugruppenplatinen in den nächsten Kapiteln wieder. Eines aber schon vorweg: die Bedienfelder sind für alle Empfangsbaugruppen gleich zu benutzen. Das rechte Bedienfeld läßt in *Abb. 1.3-1a* folgende Bauteile erkennen:

- Den Netzschalter
  Hierüber und über seine „Verkehrssicherheit" wird ausführlich im Kapitel 1.4 die Rede sein. Eine grüne LED signalisiert die Betriebsbereitschaft.

- Den Lautsprecherschalter
  Sinnvoll, wenn mit dem Kopfhörer „gelauscht" oder nur das Pegelinstrument abgelesen wird.

Abb. 1.3-1b Die Montageseite der Bedienelemente für den NF-Verstärker

- Das Output-Meter mit dem Pegeleinsteller
  Die Anwendung ist besonders sinnvoll, wenn die NF-Verstärker über die externe DIN-NF-Buchse als Signalverfolger betrieben wird. Das Output-Meter dient aber auch als Pegelanzeige für den AM-Super.
- Lautstärkeregler und Tonblende vervollständigen das Bedienfeld.

Betrachten wir diese Elemente von der unteren Montageseite in *Abb. 1.3-1b*, so ist unschwer die konventionelle Verdrahtung zu erkennen. Die Litzen werden sauber abgebunden und zu den Buchsen und Bedienteilen über 3-mm-Bohrungen in der Platinenseite nach oben geführt. Mit den angelöteten Steckschrauben wird der Kontakt zu den Nägeln der Platine hergestellt.

Abb. 1.3-2a Das linke Bedienfeld enthält die Regler für die Sendereinstellung

Das Abstimmfeld in *Abb. 1.3-2a* enthält zunächst das Abstimmpotentiometer mit der Plexiglasscheibe. Sämtliche Bedienfelder sind übrigens mit Aufreibesymbolen versehen, zusätzlich gehalten durch ein Transparentspray. Der Einsteller „Lupe" ist als Feinabstimmung besonders für den Kurzwellenempfang gedacht – hier wird in der Praxis eine Kapazitätsdiode mit kleiner Kapazitätsvariation der eigentlichen Abstimm-AM-Diode des Hauptschwingkreises parallel geschaltet.

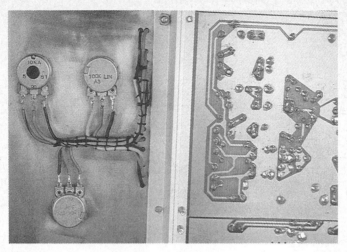

Abb. 1.3-2b Die Montageseite der Abstimmregler

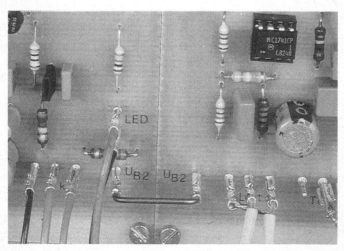

Abb. 1.3-3 Als Ausschnitt die Sache mit den Steckverbindern

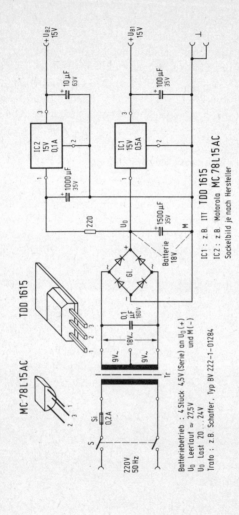

Abb. 1.4-1 Die Stromversorgung für Netz- und Batteriebetrieb

1.4 Die Stromversorgung und ihr Aufbau

Zunächst zur Schaltung in *Abb. 1.4-1*. Die *Abb. 1.4-2* zeigt den Aufbau, *Abb. 1.4-3* das Layout und *Abb. 1.4-4* den Bestückungsplan. Da wir es hier mit gefährlichen Spannungen von 220 V zu tun haben, sind der Netzeingang und die Primärwicklungsanschlüsse des Trafos (Firma Schaffer) gesichert. In der *Abb. 1.4-5* sind dafür drei je 2 mm starke Epoxyd-Platten ohne Kupferkaschierung zu sehen. Die größeren Platten haben die Abmessungen 87 × 38 mm, die kleinere Platte mißt 48 × 38 mm. Diese Platten sind notwendig, ja lebenswichtig. Sie dienen der berührungssicheren Zuführung der Netzleitung zum Trafo, zur Sicherung und zum Schalter.

Die Platte 1 in Abb. 1.4-5 wird mit Zweikomponentenkleber auf die kupferkaschierte Seite der Platine Abb. 1.4-3 geklebt, nachdem vorher die sechs M3 × 10-mm-Senkkopfschrauben eingelegt worden sind. Die Lötanschlüsse der Netzplatinen sind in

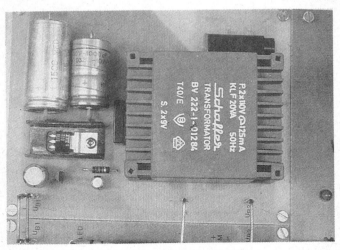

Abb. 1.4-2 Das ist die Bestückungsseite des Netzteiles

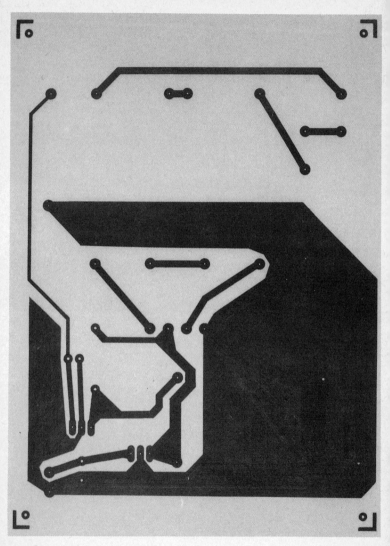

Abb. 1.4-3 Die Netzteilplatine hat die Abmessungen 100 mm × 135 mm

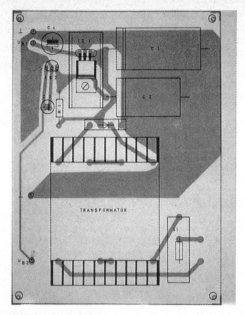

Abb. 1.4-4 Für diese Bestückungsseite ist auch das Foto 1.4-2 aufschlußreich

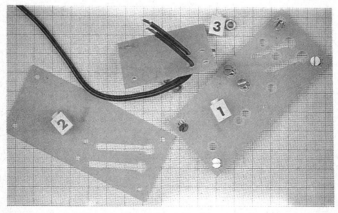

Abb. 1.4-5 Wohldurchdachte Isolierplatten lösen das Problem der Netzberührung

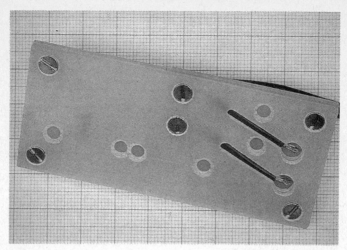

Abb. 1.4-6 Die Platten sind vormontiert – die beiden Netzdrähte sind noch zu erkennen

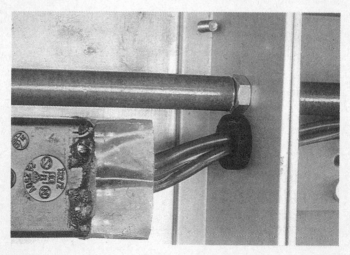

Abb. 1.4-7 Auch die Netzschalteranschlüsse werden berührungssicher in Gießharz eingebettet

den Aussparungen zugänglich. Die Netzleitung wird hier angelötet. Zugentlastet und isoliert wird diese dann durch die Platte 2 in Abb. 1.4-5 zurückgeführt und anschließend durch die beiden dafür vorgesehenen Löcher der Platte 3 in Abb. 1.4-5 geführt. Die Platten 2 und 3 können danach an die bereits festverklebte Platte 1 angeschraubt werden. Die *Abb. 1.4-6* läßt die montierte Lage der Netzleitung erkennen. Diese führt an der anderen Seite zu dem doppelpoligen Ausschalter mit isoliertem Knebel.

Dieser Schalter ist in *Abb. 1.4-7* an seinen Anschlüssen berührungssicher in einem Kunststoffblock aus Gießharz eingebettet. Dafür kann vor der Schaltermontage eine Pappform auf den Schalter gesetzt werden, die mit Gießharz gefüllt wird. Ist alles fertig, so sollte man es einem Elektromeister zeigen, der die Betriebssicherheit überprüft. Die Netzleitung ist übrigens nach Abb. 1.1-1b an einem isolierten Rohr, das über die Gewindestange geschoben wurde, befestigt. An der Rückseite und zum Schalter führt die Netzleitung über eine Gummidurchführung aus dem Alu-Profil heraus.

Zu den Bauteilen des Netzteiles in der Abb. 1.4-1 ist nicht viel zu erläutern. Wir entnehmen diese am besten den Angaben im Schaltbild. Der Trafo wurde mit seinen 18 V voll ausgenutzt. Bei voller Lautstärke ist er an der Grenze seiner Belastbarkeit angelangt. Das kann dazu führen, daß die Anlage „blubbert". Der Grund liegt darin, daß die Spannung U_o der Abb. 1.4-1 dann im Nachladefall die erforderlichen rund 18 V des Regel-IC1 nicht mehr erreicht. Dieses Problem wurde umgangen, indem im NF-Teil der Lautsprecherstrom durch einen 4-Ω-/2-W-Widerstand vor der Lautsprecherbuchse begrenzt wurde.

Die Spannung U_{B1} dient der Versorgung sämtlicher Module. Die Spannung U_{B2}, die ein kleiner 0,1-A-/15-V-Regler im TO-92-Gehäuse liefert, wird kaum belastet. Aber für den IC1 wurde ein kleiner Kühlkörper – zu sehen in Abb. 1.4-2 – benutzt. Dieser Kühlkörper ist aus einem Alu-U-Profil selbst angefertigt. Die Spannung U_{B2} ist dafür da, um die Kapazitätsdioden für die

Abstimmung mit einer sehr stabilen Spannung zu versorgen. Sollte im Langwellen- oder Mittelwellenempfang eine Brummstörung auftreten, so kann der 0,1-µH-Kondensator zusätzlich am Eingang der Gleichrichterbrücke angeschlossen werden. Im Layout, und in unserem Foto, ist er nicht vorgesehen. Dieser Kondensator verhindert die Oberwellenbildung während der extrem kurzen Nachladezeiten des Ladeelkos. Ein solch impulsförmiger Strom führt in einem periodischen Abstand von 10 ms eine Vielzahl von Oberwellen, die als hochfrequente Spannung den Empfang bei weniger guten Antennenverhältnissen stören können.

Für die beiden Regel-ICs ist es nicht zweckmäßig, Typen anzugeben, da der Elektronik-Fachhandel schon das Richtige bereithält, wenn wir mit unseren gewünschten elektrischen Daten aufkreuzen: IC1: 15 V; 0,5 A und IC2: 15 V; 0,1 A.

Übrigens läßt sich die Stromversorgung – etwas unwirtschaftlicher – auch mit vier 4,5-V-Taschenlampenbatterien bewerkstelligen. In Serie geschaltet erreichen wir damit rund 18 V, die – richtig gepolt! – an U_o (Pluspol) und M (Minuspol) angeschlossen werden. Sämtliche Empfangsmodule lassen sich so betreiben.

1.5 Der Niederfrequenzverstärker soll das demodulierte Tonsignal verstärken

Die modulare NF-Verstärkerbaugruppe soll jetzt unser Thema sein. Fertig montiert im Gesamtaufbau haben wir diese Platine schon in Abb. 1.2-1a gesehen. Hier wollen wir genauer werden. Die folgenden Abbildungen zeigen viel Technik – das soll uns aber nicht verwirren.

In der *Abb. 1.5-4* sind nicht nur der Aufbau gezeigt, sondern auch die Steckanschlüsse der Kontaktbügel und die Anschlüsse der Verbindungsleitungen vom Bedienteil. Die Unterseite

Abb. 1.5-4a Der NF-Verstärker mit dem IC TDA 1037 ist links vom Netzteil angeordnet

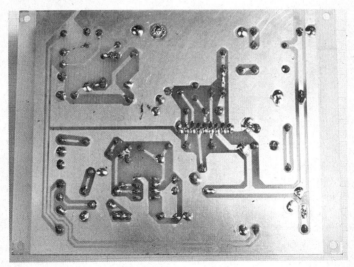

Abb. 1.5-4b Das ist die Platine des NF-Verstärkers

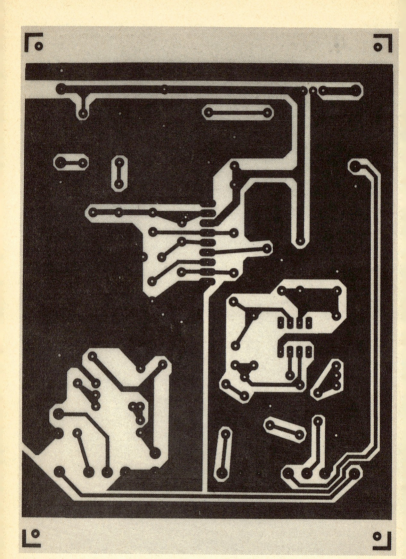

Abb. 1.5-5a Das Layout für den NF-Verstärker. Abmessungen 100 mm × 135 mm

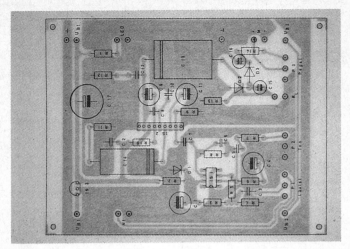

Abb. 1.5-5b ... und so sieht der Bestückungsplan aus

der Platine zeigt die *Abb. 1.5-4b*. Dieses ist somit identisch mit dem Platinenplan der *Abb. 1.5-5a*, der übrigens wieder die Außenmaße 100 mm × 135 mm^2 aufweist. Schließlich ist dann der Bestückungsplan *Abb. 1.5-5b* identisch mit dem Aufbau von Abb. 1.5-4a. Nach diesen Unterlagen kann die Platine gebaut und bestückt werden – aber dazu gehört noch das Schaltbild. Wir finden es in der *Abb. 1.5-6*.

Zunächst einmal werden dort zwei integrierte Schaltungen IC1 = Operationsverstärker Typ 741 und IC2 = NF-Verstärker-IC TDA 1037 – single-in-line – (Siemens) benutzt. Beide Bausteine sind handelsübliche Artikel im Elektronikversand. Ebenso ein kleiner 12-V-/0,1-A-Spannungsregler (IC3) im TO-92-Gehäuse. Der gleiche Typ ist uns in 15-V-Ausführung übrigens schon bei der Besprechung des Netzteiles für die Spannungsversorgung der Kapazitätsdioden begegnet.

Ehe es vergessen wird: Der TDA 1037 benötigt eine Hilfe für die Wärmeabfuhr. In der Abb. 1.5-4a können wir erkennen, daß

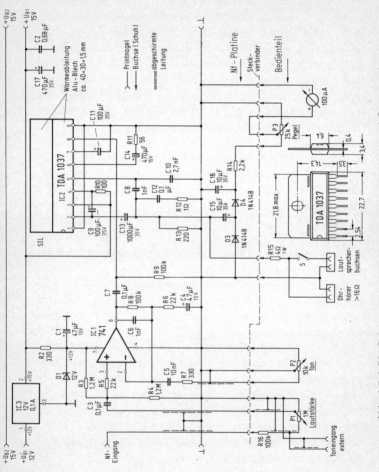

Abb. 1.5-6 Die Schaltung des NF-Verstärkers mit Reglern und Outputmeter

ein kleines geschwärztes Alu-Blech in den Abmessungen 40 mm × 30 mm × 1,5 mm^3 dafür benutzt wurde. Das Blech wird mit drei M-3-Schrauben befestigt. Das IC-Gehäuse hat dafür ein Langloch. In dem Aufbaubild 1.5-6 ist es ebenfalls mit gezeigt. Zwei weitere Löcher werden so in das Alu-Kühlblech gebohrt, daß das Gehäuseblech links und rechts fest an das Alu-Blech gezogen werden kann, also Lochabstand ca. 25 mm.

Das IC1 (741) bildet den Vorverstärker. Die Grundverstärkung ist durch Wahl der Gegenkopplung R6–R8 festgelegt. Die Kondensatoren C5 und C6 bilden eine frequenzabhängige Gegenkopplung, die durch das Potentiometer TON (R2 = 10 kΩ) beeinflußt wird. Die Lautstärke wird mit dem Potentiometer P1 eingestellt. Zur Entkopplung ist vor den Eingang in Serie ein 100-kΩ-Widerstand (R16) geschaltet. Somit ist ein externer Toneingang über eine DIN-Buchse (Abb. 1.3-1b) möglich. Der NF-Verstärker kann so universell als Verstärker und als Signalverfolger eingesetzt werden. Die Betriebsspannung des Vorverstärkers wird über die Z-Diode D1 auf ca. +12 V eingestellt. Somit kann für Kontrollzwecke am Ausgang Punkt 6 eine Spannung von ca. +6 V gemessen werden. Je nach Lautstärke ist die Ausgangsspannung des IC1 und somit die Eingangsspannung von IC2 etwa 50 mV...200 mV groß. Die Ausgangsspannung des TDA 1037 steuert den über die Buchsen angeschlossenen Lautsprecher, also auch eine Lautsprecherbox, an. Der 4-Ω-Widerstand R15 begrenzt die Ausgangsleistung. Demnach ist eine Überlastung nicht möglich. Ein Ohrhörer kann ebenfalls angeschlossen werden, dann ist sinnvollerweise der Lautsprecher durch den Schalter S abzuschalten. Eine weitere Aufgabe des Endverstärkers ist es, die Schaltung für das Output-Meter anzusteuern. Die Dioden D3 und D4 bilden eine Spannungsverdopplungsschaltung. Sie formen die Tonwechselspannung in eine Gleichspannung um, welche das Output-Meter (100 µA Endausschlag) ansteuert. Die Größe des Instrumentenstromes kann über das Potentiometer P3 eingestellt werden. Dasselbe Instrument wird aber – ebenfalls über P3 in der Empfindlichkeit geregelt – auch noch für die

Feldstärkeanzeige des AM-Supers benutzt. Zwei Steckleitungen sind dazu erforderlich.

Achten Sie beim Aufbau darauf, daß an den näher bezeichneten Stellen auch speziell dafür vorgesehene abgeschirmte Leitungen benutzt werden. Die Abmessungen der Platinen sind ebenfalls bekannt, so auch der Lochabstand der TDA-1037-Anschlüsse in Abb. 1.5-6 mit 2,54 mm. Für das IC wurde ein Sockel benutzt. Dieser DIP-8-Aufbau hat ebenfalls ein 2,54-mm-Raster. Die beiden Lochreihen sind 7,6 mm voneinander entfernt. Für den ersten Anschluß ist es zu empfehlen, etwaigen Kurzschlüssen vorzubeugen. Wir schalten hierfür anstelle der Drahtbrücke U_{B1} vom Netzteil zur Platine eine 6-V-/0,1-A-Fahrradrücklichtbirne ein. Diese ist jetzt als „Schutzschaltung" zu sehen.

Es ergeben sich folgende Ruheströme: IC2 ca. 15 mA, IC3 ca. 2 mA, R_2 (D1 und IC1) ca. 13 mA. Somit darf die 0,1-A-Schutzlampe bei der Summe von ca. 30 mA Ruhestrom eben glimmen. Helles Aufleuchten oder Durchbrennen bedeutet: Fehlersuche.

2 Mit dem Rückkopplungs- empfänger bis in die Kurzwelle

Die folgenden Kapitel sollen uns einen ersten Einblick in einfache Schaltungen der Empfangstechnik verschaffen. Aber dennoch muß hier ein recht wichtiger Hinweis alle Themen begleiten: Die Kenntnis der vorherigen Grundlagen! Hierüber haben wir uns also eingehend informiert. Nur so ist es auch möglich, eine variable „Maßschneiderei" zu gestalten. Die Kenntnisse über Spulen, Transistor-Arbeitspunkteinstellungen und Aufbaurichtlinien von Leitungen sowie Masseführungen werden nicht noch einmal aufgeführt ... das war bereits nachzulesen. In diesem Zusammenhang wird auf das Taschenbuch 162 „Vom einfachen Detektor bis zum Kurzwellenempfang" (Nührmann) hingewiesen. Dort sind Theorie und Praxis beschrieben.

2.1 ... und so kann der Rückkopplungsempfänger aufgebaut werden

Das soll der modulare Aufbau in Abb. 1.2-1a, also die linke, obere Platine, werden. Die Schaltung ist in *Abb. 2.1-1* zu sehen. Für die Schaltungsdetails nutzen wir die *Abb. 2.1-2*, die gleichzeitig die Bestückung zeigt. Auch hier ist wieder die Platine 100 × 135 mm^2 groß.

Doch nun zu den Einzelheiten. Etwas verwirrend sind zunächst die Anschlußnägel in ihrer Vielzahl auf der Platine. Diese sollen im Zusammenhang mit der Schaltung zunächst benannt werden. Der obere Teil – wir betrachten die Platine so, wie sie in Abb.

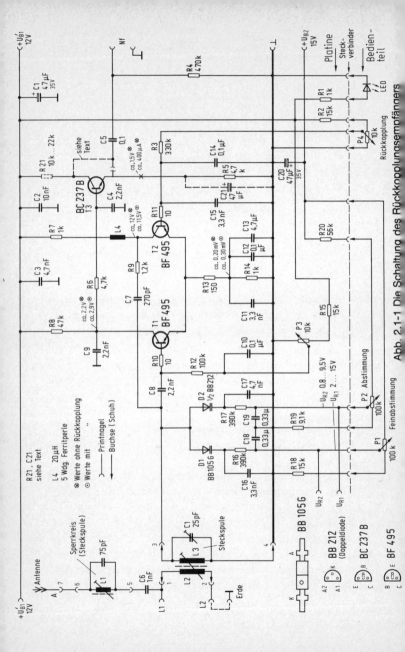

Abb. 2.1-1 Die Schaltung des Rückkopplungsempfängers

Abb. 2.1-2 So sieht der Aufbau des Empfängermoduls aus

2.1-2 vor uns liegt – enthält folgende Anschlüsse, von links nach rechts gesehen:

1 – U_R: Zwei Anschlüsse für die Kapazitätsdioden-Abstimmung weiterer Platinen, z. B. den Vorverstärker. Diese Anschlüsse bleiben zunächst unbenutzt.
2 – Massezeichen: Masse-Weiterführung (siehe 1)
3 – Massezeichen (Mitte): Dieser Anschluß wird mit einem Drahtbügel mit dem nebenliegenden Anschluß LL verbunden. Siehe im Schaltbild die Anschlüsse E und L_2, die wir kurzschließen müssen.
4 – LL (Linkleitung): wird ausgenutzt bei der HF-Vorstufe. Hier erfolgt die Einspeisung des verstärkten Antennensignales.
5 – Steckspulenanschlüsse: Diese liegen in Abb. 2.1-2 um die Zahl „4" angeordnet. Diese vier Spulenanschlüsse sind identisch mit den Anschlußzahlen 1...4 in der Schaltung. (Die Spulenherstellung wird noch besprochen.)
6 – Sperrkreisanschlüsse: Diese liegen in Abb. 2.1-2 um die Zahl „5" gruppiert. Zwei Anschlüsse sind an Masse geführt und dienen nur der mechanischen Halterung der Spule. Die Anschlüsse 5 und 6 sind für den Sperrkreis bestimmt.

7 – Antenne-Erde: In der Abbildung sind diese rechts oben angeordnet. In der Schaltung sind es die Anschlüsse 7 und 8.

8 – Betriebsspannung: Diese wird rechts in der Abb. jeweils oben und unten durchgeführt. Der obere Anschluß ist für die Erweiterung des Vorverstärkers gedacht.

9 – Hilfsanschlüsse: Zunächst sind unten in der Abb. folgende Punkte zu erwähnen: Zwei NF-Anschlüsse zum NF-Verstärker. Ein weiterer Masseanschluß. Zwei Anschlüsse für die LED im Bedienfeld und schließlich links unten der 15-V-Anschluß für die Kapazitätsdioden-Spannung.

10 – Potentiometeranschlüsse: Bei Detail „1" im Bild sind die drei Potentiometeranschlüsse für die „Lupe" – also das Poti für die Feinabstimmung P1 – hier anzuschließen. Daneben bei „2" das eigentliche Abstimmpotentiometer P2. Bei Detail „3" wird schließlich das Potentiometer für die Regelung der Rückkopplung P4 angeschlossen.

Diese vielen Anschlüsse stimmen folgerichtig mit der darunter liegenden Bedienplatine, dem rechts liegenden NF-Verstärker und natürlich mit den beiden erwähnten Spulen überein. Das soll die *Abb. 2.1-3* beweisen. Doch nun zur Schaltung in Abb. 2.1-1.

Wichtig ist die Arbeitspunkteinstellung. Als unterer Emitterwiderstand wurde ein 1-kΩ-Widerstand gewählt, so daß die dort zu messende Spannung direkt dem Arbeitsstrom in mA entspricht. Also bei 0,3 V fließen 300 µA durch den Widerstand ($I = U/R$). Die Einstellung erfolgt jetzt so, daß der Transistor T2 mit dem Potentiometer P4 gesperrt wird. Demnach ist dann der Schleifer von P4 an Masse gelegt. Danach wird mit P3 die Basisspannung an T1 langsam erhöht, bis am Widerstand R14 ca. 0,2...0,25 V zu messen sind. Der Wert kann je nach HF-Transistor vielleicht zwischen 0,2 und 0,4 V liegen. Bei den erprobten Typen BF 496 waren Werte zwischen 0,2...0,25 V richtig, also rund 200 µA Emitterstrom.

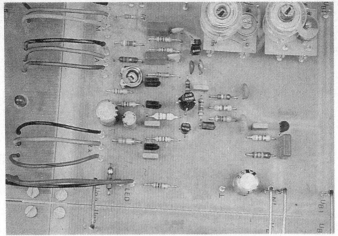

Abb. 2.1-3 Die Verbindungen zu den übrigen Baugruppen

Im Rückkopplungszweig ist eine Drossel Dr im Kollektorkreis von T2 angeordnet. Diese unterstützt die Rückkopplungswirkung in den höheren Frequenzbereichen, weil hier ihr $X_L = \omega \cdot L$ größer wird. Dadurch vergrößert sich die Rückkopplungsspannung.

In der Praxis wurde eine Einloch-Ferritperle oder eine Spule mit ca. 4 mm Durchmesser gewählt oder eine Luftspule aus 30 Windungen gewickelt, die eng aneinander liegen mit einem Durchmesser von 4 mm (CuL $\approx$ 0,3 mm).

Anstelle des oft schwer zu erhaltenden Drehkondensators wurden zwei Kapazitätsdioden im Eingangskreis benutzt. Eine sogenannte AM-Diode – D2 –, also eine solche mit Kapazitätswerten bis ca. 300 pF und zusätzlich parallel dazu eine UKW- oder VHF-Tunerdiode – D1 – mit Kapazitätswerten bis z. B. 30 pF. für den Aufbau wurde die AM-Diode BB212 (D2) gewählt. Das ist eine Doppeldiode, von der hier nur eine Diode benutzt wird. Der Vorteil der zusätzlichen Diode D1 ist darin zu sehen, daß durch ihre geringe Kapazitätsänderung eine sehr „feine" Abstimmgenauigkeit – ähnlich der sogenannten Kurzwellenlupe – erreicht wird.

Die beiden Potentiometer P1 und P2 liefern die Abstimmspannung für die Dioden D1 und D2. Das Potentiometer P1 für die „Kurzwellenlupe" wird immer auf Mitte gestellt, mit P2 der Sender gesucht und dann mit P1 der Sender genau abgestimmt.

Die rückgekoppelte Spannung vom Kollektor T2 wird über R9 und C7 auf den Schwingkreis am Eingang addiert. Der Transistor T3 dient als Emitterfolger der Tonauskopplung. Diesen Transistor können wir aber auch „verstärken lassen". In dem Fall wird der Kondensator C5 am Kollektor angeschlossen. Der Kollektor erhält einen Arbeitswiderstand, den wir im Versuch ausprobieren müssen. Praktische Ergebnisse liegen bei 10...22 kΩ. Den Widerstand R5 überbrücken wir dann mit einem 47-µF-Elektrolytkondensator ... die Änderungen sind gestrichelt im Schaltbild 2.1-1 enthalten.

Wir hatten schon gelesen, daß ein phasengleiches HF-Signal aus dem Emitter von T1 der Basisstufe T2 zugeführt wird. Dieses wird in gleicher Phasenlage verstärkt als Rückkoppelsignal benutzt. Die Demodulation eines mit einer Sinusspannung modulierten Signales nach Abb. 2.1-11a – oberes Oszillogramm – erfolgt ähnlich der Anodengleichrichtung bei einer Röhre im C-Betrieb hier als sogenannte Kollektorgleichrichtung. Das heißt, der negative Teil der modulierten HF-Spannung fällt (fast) vollständig in den Sperrbereich der Basis-Emitterstrecke; während die positiven Halbwellen in Abb. 2.1-11a das untere Oszillogramm entsprechend ihrer jeweiligen Amplitude den Transistor mehr oder weniger stark durchsteuern können ... ein Vorgang, aus dem die sehnsüchtig erwartete NF-Spannung entsteht. Das untere Oszillogramm in Abb. 2.1-11a zeigt genau die 180°-Phasendrehung der Kollektorspannung ... denn wenn, wie eben erklärt, die positiven Halbwellen den Transistor durchsteuern, erscheint das Signal entsprechend negativ am Kollektor. Da

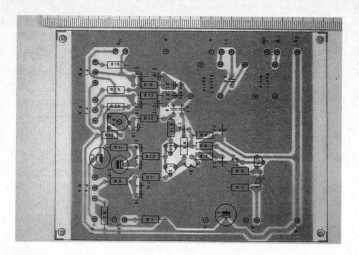

Abb. 2.1-4 Bestückungsplan des Rückkopplungsempfängers

dieser Hergang am besten für den unteren Kennlinienteil geeignet ist, also bei kleinen Kollektorströmen – wenn wir an die sehr niedrigen HF-Antennenspannungen denken – wird der Transistor T1 vorzugsweise auch mit entsprechend kleinen Emitter-(Kollektor-)Strömen betrieben.

Mit einem Siebglied Cg entsteht am Kollektor von T1 das Signal nach Abb. 2.1-11b, in dem die Verstärkung des Tonsignales bereits zu erkennen ist ... aber auch noch HF-Reste, die über den Tiefpaß R6–C4 kurzgeschlossen werden, so daß ein sauberes NF-Signal in der Abb. 2.1-11c entsteht. Schließlich zeigt die Abb. 2.1-11d noch ein verzerrtes NF-Signal, so, wie es bei einer falschen Arbeitspunkteinstellung mit dem Potentiometer P3 entsteht.

Für den HF-richtigen Aufbau sind einige Voraussetzungen erforderlich, die in den folgenden Abbildungen gezeigt sind:

Die *Abb. 2.1-4* gibt zunächst einen Überblick von Lageplan und Layout. Die *Abb. 2.1-5* zeigt die fertig geklebte Platine mit

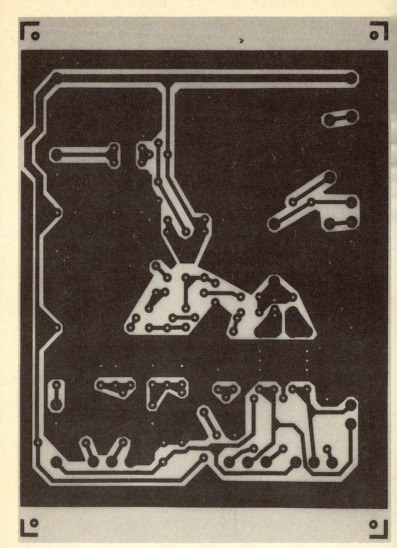

Abb. 2.1-5 Das Layout. Abmessungen 100 mm × 135 mm

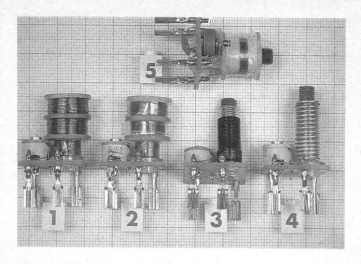

Abb. 2.1-6 Die einzelnen Steckspulen mit Stiefelkernen

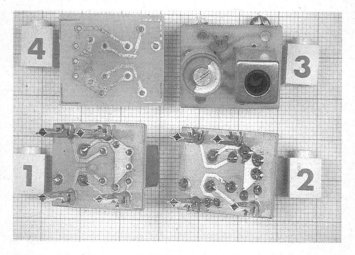

Abb. 2.1-7 So bauen Sie die Steckplatinen mit Vogt-Spulenkörpern auf

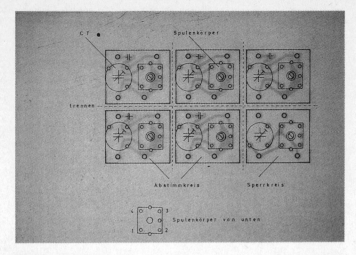

Abb. 2.1-8a Das Layout für den Aufbau der einzelnen Spulen am Beispiel mit Vogt-Spulenkörpern

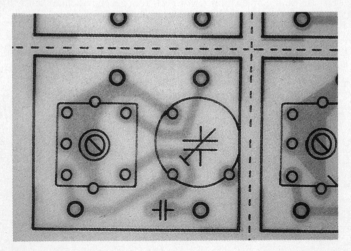

Abb. 2.1-8b ... genauer die Vergrößerung

den Abmessungen 100 mm × 135 mm. Der Aufbau ist in der *Abb. 2.1-2* zu sehen.

Die Spannung U_2 wird, wie bekannt, im Netzteil über einen getrennten IC-Spannungsregler (+15 V) erzeugt. Das ergibt bessere Sicherheiten der Entkopplung für die Abstimmspannung. Für einen frei gewählten Aufbau können wir aber auch U_1 und U_2 gemeinsam aus einer gut geregelten +15-V-Quelle gewinnen. Schwierigkeiten kann es nur geben, wenn an derselben Quelle eine Lautsprecherendstufe hoher Leistung angeschlossen ist und diese evtl. Spannungsänderungen der Versorgungsspannung führt. Für das Ätzen der Platine wird noch einmal auf das Taschenbuch FTB „Der Hobby-Elektroniker ätzt seine Platinen selbst" hingewiesen.

Wir wollen jetzt die Spulen näher betrachten. Hier haben wir die Möglichkeit, den Aufbau mit Stiefelkernspulen nach *Abb. 2.1-6* oder mit Vogt-Spulenkörpern nach *Abb. 2.1-7* vorzunehmen. In der *Abb. 2.1-8a* sind zunächst die Platinenzeichnungen für den Aufbau mit Vogt-Spulenkörpern zu sehen. Das Layout ist dort für fünf Spulen und den Sperrkreis gezeigt. Schließlich ist noch in der *Abb. 2.1-8b* eine Vergrößerung des Layouts einer Bereichsspule zu erkennen. Das Aufbaubild in der Version mit Vogt-Spulenkörpern ist in *Abb. 2.1-9* mit folgenden Einzelheiten gezeigt: 1 – Ausführung für die Bereichsspule des Empfängers; 2 – Spulen-Layout mit Koppelkondensator für die Link-Leitung des späteren Vorverstärkers; 3 – Bestückungsseite; 4 – fertig gebohrte Platine.

In der Abb. 2.1-6 bedeuten die Ziffern 1…4 die Bereichsspulen in Stiefelkernaufbau. Unter – 5 – ist die Sperrkreisspule zu erkennen. Die Stiefelkernspulen haben Kammern erhalten. Diese wurden durch kleine Plastikscheiben – auf der Bohrmaschine gefertigt – in Kammerspulweise ergänzt. Das Layout für die Stiefelspulen ist aus der Abb. 2.1-9 zu ersehen. Die Spulen werden auf die einzelnen Bereichsplatinen geklebt oder bei den Vogt-Spulen mit den Stiften entsprechend verlötet.

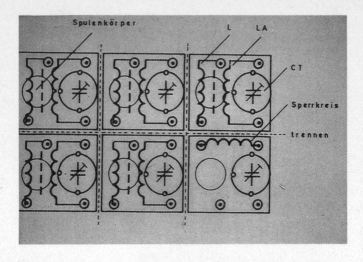

Abb. 2.1-9 Das Layout für die Bereichsplatine mit Stiefelkernspulen

Für die einzelnen Bereiche waren etwa folgende Windungszahlen für den Stiefelkernaufbau erforderlich:

LW   150 kHz...285 kHz   2 Kammern
              $L_S \approx 860$ Wdg.; 0,18 CuL
              $L_A \approx 80$ Wdg.; 0,25 CuL

MW   535 kHz...1700 kHz   2 Kammern
              $L_S \approx 172$ Wdg.; 0,38 CuL
              $L_A \approx 30$ Wdg.; 0,25 CuL

KW 1   1,45 MHz...4,5 MHz   1 Kammer
              $L_S \approx 61$ Wdg.; 0,48 CuL
              $L_A \approx 15$ Wdg.; 0,25 CuL

KW 2   4 MHz...13,8 MHz
              $L_S \approx 30$ Wdg.; 0,48 CuL
              $L_A \approx 8$ Wdg.; 0,25 CuL

KW 3   13 MHz...30 MHz
   $L_S \approx 14$ Wdg.; 1 mm Cu-versilbert
   $L_A \approx 5$ Wdg.; 0,25 mm CuL
Sperrkreis (950 kHz) $n \approx 130$; $C_x \approx 100$ pF

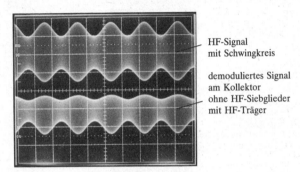

Abb. 2.1-10a Das demodulierte Signal an der Basis von T1

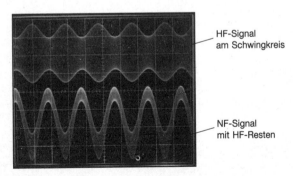

Abb. 2.1-10b ... bereits verstärkt: Das NF-Signal mit HF-Resten

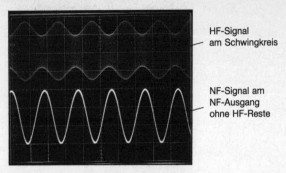

Abb. 2.1-10c Das NF-Signal nach dem RC-Filter, dem Tiefpaß R6 und C4

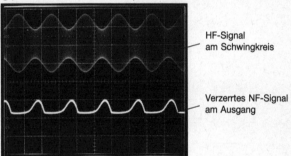

Abb. 2.1-10d Ein falscher Arbeitspunkt führt zu verzerrten NF-Signalen

2.2 Ein Vorverstärker für entfernte Sender

Dieser Vorverstärker, dessen Schaltung wir bereits in der *Abb. 2.2-1* sehen, arbeitet mit einem unabgestimmten Vorkreis T1 und dem abgestimmten Endverstärker T2. Obwohl der Profi vielleicht lieber eine Abstimmung im Vorverstärker (T1) gesehen hätte, habe ich diese aus Gründen der besseren Ankopplung zum Transistoraudion – Link-Leitung – in dem Endverstärker untergebracht. Es ist das der Schwingkreis L4/C sowie die Kapazitäten der Abstimmdioden D1 und D2.

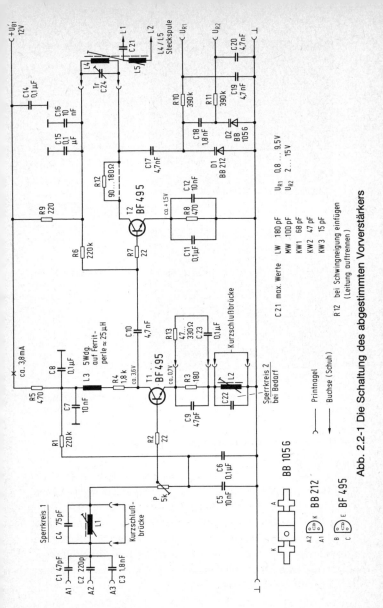

Abb. 2.2-1 Die Schaltung des abgestimmten Vorverstärkers

Die Antennenankopplung erfolgt je nach Stärke des Signales an A1...A3. Der Endanschluß ist mit E gekennzeichnet. Der Sperrkreis 1 dient der Dämpfung des Ortssenders, um Kreuzmodulationen in der Vorstufe – aber besonders auch eine bessere Abstimmung in Ortssendernähe zu erhalten. Mit dem Potentiometer P kann die Empfindlichkeit eingestellt werden. Sollte ein zweiter Sender stören, so kann gegebenenfalls der Sperrkreis 2 (L2; C22) eingeschaltet werden. Schalten Sie bitte ohne Sperrkreis eine Kurzschlußbrücke ein. Für die Ferritperle L3 gelten die gleichen Überlegungen wie für die Drossel L4 in Abb. 2.1-1.

Je nach Transistortyp kann eine Änderung der Größe von R1 erforderlich werden. Wir wählen seinen Wert so, daß am Kollektor ca. 3,6 V gemessen werden. Das entspricht einem Kollektorstrom von ca. 3,8 mA. Bei Empfangsversuchen und ungünstigen Antennenverhältnissen können wir parallel zu R3 den Widerstand R13 in Serie mit C23 schalten. Löcher im Print sind dafür vorgesehen. Durch diese Maßnahme wird eine erhöhte Verstärkung von T1 erreicht, weil durch den teilweisen Kurzschluß des Emitterkreises dann die Gegenkoppelspannung verringert wird. Sinnvoll ist es, im Versuch für R13 ein 500-Ω-Potentiometer einzuschalten und den besten Widerstandswert so zu ermitteln.

Der Widerstand R6 der Endstufe ist wieder vom Transistortyp abhängig. Wir sollten den Widerstand R6 so wählen, daß am Emitter ca. 1...1,5 V entstehen. Die Kollektorspannung beträgt an C15 gemessen dann ca. 11,5...11,3 V. Messungen direkt am Kollektor führen zu Schwingneigungen. Sind wir gerade bei Schwingneigungen, so soll der Widerstand R12 nicht unerwähnt bleiben. Dieser war anfangs im Platinenplan nicht vorgesehen. Mehrere Versuche mit verschiedenen Transistortypen erfordern ihn jedoch, um eine evtl. Schwingneigung zu beseitigen. Richtige Werte sind solche zwischen 90 Ω...180 Ω für R12.

Die Sender-Abstimmung erfolgt genauso wie im Empfängerkonzept mit der jeweiligen Bereichsspule und den Kapazitätsdioden D1 und D2, deren Regelspannungen U_{R1} und U_{R2} von der Empfängerplatine über Drahtbrücken durchgeschleift werden.

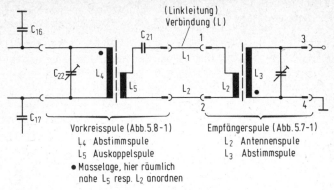

Abb. 2.2-2 So sieht die Ankopplung für den Empfänger aus

Die Spulenanordnung von L4 sollte in Aufbau und Daten identisch sein mit der Empfangsspule L3 in Abb. 2.1-1. Einen kleinen Unterschied machen die Wicklungen L5 in Abb. 2.2-1 und L2 in Abb. 2.1-1. Während L2 rund 10 % der Windungszahl von L3 erhält, sollte L5 nur ca. 5 % der Windungszahl von L4 bekommen. Das findet seine Grenzen im Kurzwellengebiet, wo dann generell nur noch mit einer Windung gearbeitet wird. Ähnlich der Wicklungsanordnung von L2 in Abb. 2.1-1 soll hier auch L5 mit dem Anschluß „L2" am „kalten" Ende von L4, also beim C16-Anschluß, beginnen. Falsch ist es also, die Wicklung L5 auf der Seite von C17 anzuordnen.

Das Zusammenspiel der induktiven Kopplung der beiden Abstimmkreise über die Koppel-Leitung (Link-Leitung) ist in *Abb. 2.2-2* herausgezeichnet. Hier sehen wir angedeutet auch die „Masselage" der Koppelspulen L5 und L2. Den Aufbau der Platine betrachten wir in *Abb. 2.2-3*. Die Steckstifte sind hier deutlich zu sehen, so daß nachstehende Erklärungen sich u. a. auch darauf beziehen.

Detail 1: Vier Steckstifte für die Bereichsspulen, ein Steckstift für die Masseleitung sowie zwei Stifte für die Koppel-Leitung. Ganz

Abb. 2.2-3 Der Aufbau des Vorverstärkers

Abb. 2.2-4 Und so wird der Vorverstärker mit dem Empfänger verbunden

links der Anschluß für die Betriebsspannung UB1. Rechts von – 1 – sind die beiden Kapazitätsdioden angeordnet, links davon der Transistor T2.

Detail 2: Links die nicht benutzten Bohrungen für den Sperrkreis 2. Zu erkennen ist weiter links die Kurzschlußbrücke anstelle des Sperrkreises.

Detail 3: Unterhalb von – 3 – der Sperrkreis 1 sowie der Erd- und die drei Antennenanschlüsse. Ebenfalls ist das Poti P zu erkennen.

Detail 4: Oberhalb davon der Transistor T1, links davon die Drossel L3.

Die Beschaltung der Platine zu der Empfängerplatine ist in *Abb. 2.2-4* gezeigt. Ebenfalls sind hier die beiden Bereichsspulen deutlich zu erkennen (links von – 1 – und unterhalb von – 3 –). Durchverbunden werden die Anschlüsse U_{R1}; U_{R2}; Masse; L_1; L_2 und U_{B1} jeweils mit Kupferbügeln, an deren Enden Lötschuhe angelötet sind.

Detail 5 läßt rechts noch einmal den Platinenraum für den Sperrkreis 2 erkennen. Links oben von – 6 – der Transistor T1, rechts davon T2.

Der Printplan ist in *Abb. 2.2-5* zu sehen, schließlich zeigt die *Abb. 2.2-6* den Bestückungsplan. Die Platine hat die Abmessungen 52 mm × 135 mm.

Beim Abgleich des Vorverstärkers ist folgendes zu beachten: Der Kondensator C21 soll zunächst nicht zu groß sein. Ungefähre Werte sind im Schaltbild 2.2-1 angegeben. Je kleiner er gewählt wird, je besser ist die Selektivität ... je kleiner ist jedoch auch die HF-Spannung, die zum Empfänger gelangt. Wenn die angegebenen Betriebsspannungen stimmen, werden zwei gleiche Bereichsspulen eingesteckt und ein Sender bei wenig Regelspannung U_{R1} – also tiefe Frequenzen – eingestellt. Mit dem Spulenkern L4 wird dieser auf maximale Lautstärke gebracht. Anschließend wird bei einem Sender hoher Frequenz – also hohe Regelspannung U_{R1} –

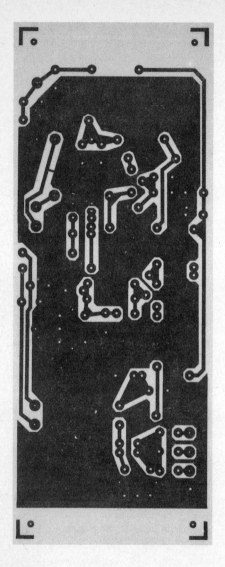

Abb. 2.2-5
Das Platinenlayout des Vorverstärkers

mit dem Trimmer Tr (C24) der Sender auf Maximum abgestimmt. Eine geringe Korrektur ist evtl. mit L3 und C_T in Abb. 2.1-1 erlaubt.

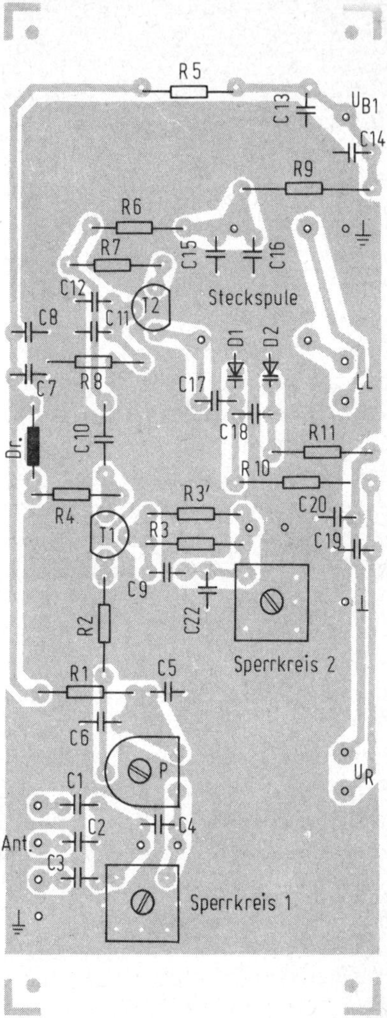

Abb. 2.2-6
Der Bestückungsplan
für den Vorverstärker

3 Der Überlagerungsempfänger – der Super – zum Nachbauen

Aus der ursprünglichen Bezeichnung „Superheterodyn-Empfänger" wurde bereits in den 30er Jahren die Abkürzung „Super" geschaffen. Bei dem Super handelt es sich um das Überlagerungsprinzip, so wie es heute in jedem Radio, HiFi-Gerät oder Kofferradio zu finden ist. Nach dem gleichen Prinzip arbeitet die professionelle Nachrichtentechnik, der Satellitenfunk, Funksprechgeräte, hochfrequente Fernsteuerungen und vieles mehr. Sinnvoll ist es in allen Fällen für die ICs einen Sockel vorzusehen ... der eventuellen leichten Austauschbarkeit wegen.

Das Prinzip können wir im Kapitel 2.7 des Franzis-Elektronikbuches „Radio basteln – Der Einstieg in die Elektronik" von Dieter Nührmann nachlesen. Das Blockschaltbild wurde in Abb. 2.7-7 des gleichen Buchs ausführlich beschrieben, so daß wir hier gleich ohne Ballast zur Nachbauschaltung kommen.

3.1 Ein einfacher Aufbau mit dem IC TDA 1072 (A)

Von den Firmen Valvo und Telefunken-electronic wird das AM-Super-IC TDA 1072 – Nachfolgetyp TDA 1072 A – geliefert. Der Aufbau des ICs ist in der *Abb. 3.1-1* gezeigt. Von der HF-Vorstufe, dem Oszillator, dem Mischer, dem ZF-Verstärker und schließlich bis hin zum AM-Demodulator ist alles in dem IC enthalten, so daß sich nach Abb. 3.1-1 nur eine geringe Außenbeschaltung ergibt. Für eine Version mit Drehko-Abstimmung ist für den Mittelwellenbereich der Eingangskreis und die Oszillatorbeschaltung in *Abb. 3.1-2* richtig.

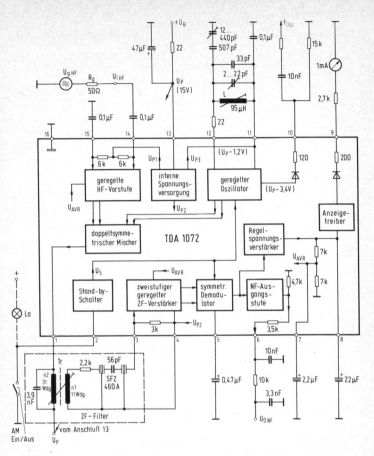

Abb. 3.1-1 Das Innenleben des ICs TDA 1072 (A) als Blockschaltbild

Für den Platinenaufbau unseres Modul-Empfängers nach *Abb. 3.1-3* wurde eine Abstimmschaltung mit Kapazitätsdioden gewählt. Also sehen wir uns dazu die Schaltung in *Abb. 3.1-4* gleich einmal an. Die Außenbeschaltung hat mit der Abb. 3.1-1

51

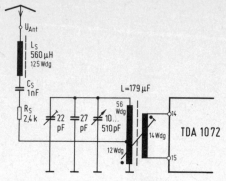

HF-Eingangsschaltung

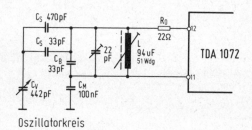

Oszillatorkreis

Abb. 3.1-2 Der Abstimmkreis am Eingang und der Oszillatorkreis mit Drehko-Abstimmung

viele Dinge gemeinsam. Wesentlich geändert ist der Eingangskreis. Hier ist in der Abb. 3.1-4 mit dem Transistor T1 ein zusätzlicher HF-Verstärker aufgebaut. Das ergibt nicht nur eine bessere Verstärkung des Antennensignals, sondern auch noch eine bessere Selektivität durch die geringere Bedämpfung des Abstimmkreises.

Interessant sind für uns hier sicher die Spulendaten, die auf TOKO-Körpern – ähnlich Vogt-Spulenbausätzen – aufgebaut wurden. Folgende Spulendaten haben sich ergeben:

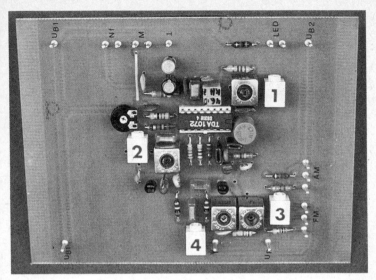

Abb. 3.1-3 So sieht der Platinenaufbau des AM-Super aus

ZF-Filter	L4 – 16 Wdg. L5 – 50 Wdg.	Anmerkung: mit $C21 = 3,9$ nF muß sich beim Abgleich ein Maximum ergeben
Oszillator (Mittelwelle)	L3 – 82 Wdg.	
Vorkreis (Mittelwelle)	L2 – 90 Wdg.	Anzapfung am unteren Ende bis 18 Wdg.
Antennenleitkreis (Mittelwelle)	L1 – 150 Wdg. ≈ 600 µH	

Noch einige kurze Details zur Schaltung Abb. 3.1-4. Der „Standby-Schalter" ist in der Schaltung vorgesehen, auf der Platine aber nicht bestückt. Der abstimmbare Vorkreis besteht aus

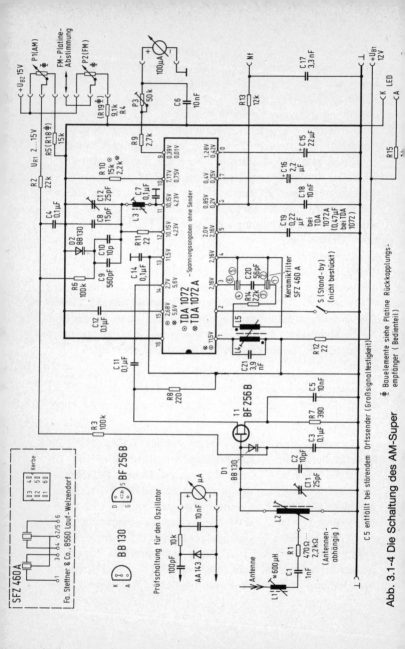

Abb. 3.1-4 Die Schaltung des AM-Supers

der Spule L2, dem Trimmer CT1 und der Abstimmdiode BB 130. Das verstärkte Antennensignal wird dem Punkt 14 des ICs zugeführt. Der Oszillatorkreis wird aus der Spule L3 sowie der Kapazitätsdiode D2 gebildet. Mit der Kapazität C9 wird eine „Abstimmverkürzung" vorgenommen, so daß sich Vor- und Oszillatorkreis bei jeder Kapazitätseinstellung der Dioden im Gleichlauf befinden. Die Zwischenfrequenz wird dem Keramikschwinger SFZ 460 A über den Resonanztransformator zugeführt. Die Resonanzbreite beträgt knapp 5 kHz. Das ist gleichbedeutend mit einer NF-Bandbreite von 2,5 kHz. Diese schmalbandige Version bietet ein hohes Maß an Selektivität. Am Punkt 9 der integrierten Schaltung kann über eine Leitung das vorgesehene 100-µA-Outputmeter direkt angeschlossen werden. Die Empfindlichkeit wird mit P3 eingestellt. Das niederfrequente Ausgangssignal passiert den Tiefpaß R13, C17 und gelangt in den NF-Verstärker. Sie finden oben rechts im Schaltbild die Abstimmregler P1 und P2, diese sind natürlich auf der Platine Abb. 3.1-3 nicht enthalten, sondern befinden sich wie bekannt auf der Bedienplatte. Zur AM-Abstimmung wird das Potentiometer P2 benutzt; P1 ist für die UKW-Abstimmung vorgesehen.

Die Spannungsangaben sind für die ICs 1072 und 1072 A gesondert angegeben. Der Punkt gilt für TDA 1072, das Kreuz für den 1072 A. Diese Werte sind gemessen ohne Senderempfang.

Nun zum Abgleich. Bringen Sie die Trimmer CT1 und CT2 auf Mittenstellung – um ein Rätselraten zu umgehen. In der Abb. 3.1-3 sind die Trimmer CT1 und CT2 noch nicht bestückt gewesen. Ihre Lage geht aber aus dem Platinenplan und dem Bestückungsplan *Abb. 3.1-5* und *3.1-6* eindeutig hervor. – Danach wird mit P2 eine geringe Spannung für die Kapazitätsdioden eingestellt und so ein Sender im tiefen Frequenzgebiet gesucht. Mit dem Kern von L4/L5 wird der Sender zunächst auf maximale Lautstärke gedreht. Der Kern muß ein eindeutiges Maximum ergeben, das beim Weiterdrehen wieder verschwindet. Ist das nicht der Fall, so

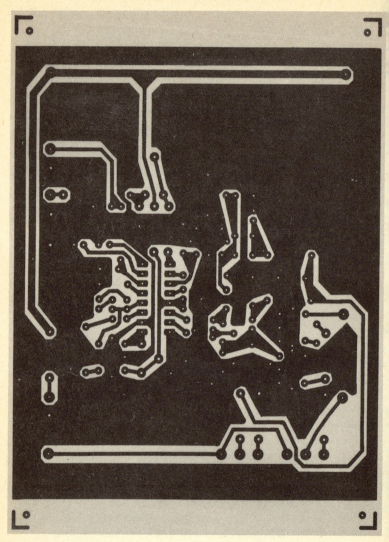

Abb. 3.1-5 Das Layout der Schaltung. Abmessungen 100 mm × 135 mm

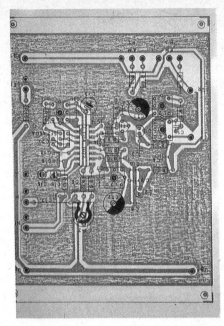

Abb. 3.1-6 Zur besseren Planung: Hier ist der Bestückungsplan

stimmt die Windungszahl der Spule L4 (evtl. auch L5) nicht. Aus der Kernstellung müssen wir erkennen, ob ein „Mehr" oder ein „Weniger" an Windung erforderlich ist. Wird der Kern ganz hineingedreht und es ergibt sich noch kein eindeutiges Maximum, so muß die Windungszahl erhöht werden – und umgekehrt. Übrigens gilt der gleiche Test auch für die weiteren Spulen. Eine andere Testmöglichkeit ist, ohne angeschlossene Antenne, also ohne Senderempfang, den Kern des ZF-Filters L4/L5 auf maximales Rauschen einzustellen.

Bleiben wir bei dem Sender mit niedriger Empfangsfrequenz. Mit dem Kern von L2 wird dieser auf Maximum gestellt. Anschließend bei einem Sender im oberen Frequenzviertel des Bereichs mit dem Trimmer CT1. Die Kernstellung der Oszillator-

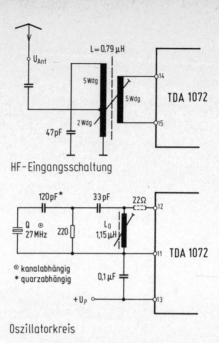

Abb. 3.1-7 Der CB-Empfänger benötigt einen Quarzoszillator

Spule L3 bestimmt die tiefste Empfangsfrequenz und die Trimmerstellung von CT2 entsprechend die höchste Empfangsfrequenz.

Die Spulendaten L2 und L3 bilden die Grundlage für das jeweilige Empfangsband. Die Schaltung arbeitet sicher bis über 30 MHz, so daß wir nach Belieben andere Spulen für neue Frequenzbereiche wickeln können. Die Spule L1 entfällt bei höherfrequenten Bereichen als Lang- oder Mittelwelle.

In diesem Zusammenhang eine erprobte Schaltung für den Empfang des AM-CB-Funks mit einem Quarzoszillator. Die Schaltung Abb. 3.1-4 wird nach *Abb. 3.1-7* lediglich an zwei Stellen geändert. Zunächst der Empfangskreis für das 27-MHz-Band und danach die Oszillatorschaltung. Der Quarz ist mit

27 MHz angegeben. Die nachstehende Tabelle gibt uns eine Übersicht über die einzelnen Kanalquarze.

Betriebsfrequenzen und Kanalnummern

Frequenz	Kanal-Nr.	Frequenz	Kanal
26 965 kHz	1	27 215 kHz	21
26 975 kHz	2	27 225 kHz	22
26 985 kHz	3	27 255 kHz	23
27 005 kHz	4	27 235 kHz	24
27 015 kHz	5	27 245 kHz	25
27 025 kHz	6	27 265 kHz	26
27 035 kHz	7	27 275 kHz	27
27 055 kHz	8	27 285 kHz	28
27 065 kHz	9	27 295 kHz	29
27 075 kHz	10	27 305 kHz	30
27 085 kHz	11	27 315 kHz	31
27 105 kHz	12	27 325 kHz	32
27 115 kHz	13	27 335 kHz	33
27 125 kHz	14	27 345 kHz	34
27 135 kHz	15	27 355 kHz	35
27 155 kHz	16	27 365 kHz	36
27 165 kHz	17	27 375 kHz	37
27 175 kHz	18	27 385 kHz	38
27 185 kHz	19	27 395 kHz	39
27 205 kHz	20	27 405 kHz	40

Selbstverständlich können wir noch mehr Quarze benutzen und diese mit einem Schalter umschalten ... so erhalten wir dann zum Abschluß einen recht komfortablen CB-Empfänger, der nicht mehr die vorher oft diskutierte Langdrahtantenne benötigt. Hier kommen wir mit einem vertikal (hängenden) Draht von ca. 3...5 m Länge aus.

So, und nun funktioniert der CB-Empfänger nicht! Was tun? Mit ziemlicher Sicherheit schwingt der Quarzoszillator nicht, er hat da so seine Eigenarten. Wie kommen wir ihm nun auf die Schliche? In der Abb. 3.1-7 können wir evtl. für Versuchszwecke anstelle des 12-pF-Kondensators einen 25-pF-Trimmer einlöten, evtl. den 33-pF-Kondensator um ± 15 pF ändern, vielleicht den 220-Ω-Widerstand vergrößern? ... Nun, meistens sind es die von uns nicht erfüllten Resonanzbedingungen, auf die der Quarz sehr genau sieht. Und das hat dann mit der Spule L_o zu tun. Unter Umständen müssen wir einmal von der Windungszahl ± 10 Windungen ändern, wenn der Quarz es nicht schafft. Aber wie prüfen wir überhaupt, ob er es „schafft"? Genaue Angaben sind nicht möglich, denn Ihr vorhandener Quarz unterscheidet sich doch recht erheblich von seinen gleichnamigen Schwestern und Brüdern. Wie läßt sich der Schwingzustand nun feststellen ... das gilt auch für die Schaltung des AM-Super?

Nun, dafür hat der TDA 1072 einen Kontrollausgang. Es ist das der Punkt 10 des ICs, an dem entkoppelt das Oszillatorsignal zur Verfügung steht. Wir können dort über einen Serienwiderstand ca. 4,7 kΩ beim 1072 und ca. 2,2 kΩ beim 1072 A einen Zähler anschließen. Oder, wenn es lediglich eine Outputmaßschaltung sein soll, so denken wir bitte einmal genau mit: Von Punkt 10 einen 100-pF-Kondensator, an diesen die Katode einer Germaniumdiode, deren Anode an Masse geschlossen wird. An den Verbindungspunkt Katode −100 pF wird ein 10-kΩ-Widerstand angeschlossen, dessen andere Seite an den Eingang für ein Vielfachmeßgerät angeschlossen wird. Vorher legen wir an diesem Verbindungs-Punkt des 10-kΩ-Widerstandes zusätzlich noch einen 10-nF-Kondensator gegen Masse (siehe Abb. 3.1-4). Alle Leitungen schön kurz ... Dann funktioniert der Detektor und zeigt uns im 100-µA- oder 1-V-Bereich die Schwingspannung an – wenn, ja wenn der Oszillator schwingt.

Schließlich zeigen die *Abb. 3.1-8a* und *8b* das Aussehen des IC TDA 1072 sowie des Keramikfilters SFZ 460 A.

Abb. 3.1-8a Das ist der AM-IC TDA 1072 (A). TDA 1072 A – pinkompatibler – Nachfolger vom TDA 1072

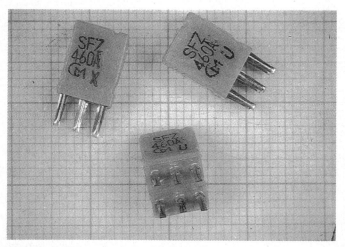

Abb. 3.1-8b Der mechanische Gehäuseaufbau des Keramikfilters SFZ 460

4 UKW bei 100 MHz – und was dahintersteckt

Wer sich in das Gebiet dieser 100 Millionen Sinusschwingungen pro Sekunde wagt, muß über handfeste HF-Erfahrungen verfügen. Wenn Schaltungen nicht gelingen, so liegt das ganz einfach an fehlerhafter zu langer Verdrahtung. Alle Komponenten der Schwingkreise, also die Spule mit ihren drei Windungen, der 20-pF-Schwingkreistrimmer, der kleine Drehko oder die UKW-Kapazitätsdiode müssen so eng aufgebaut sein, daß ihre Anschlüsse zum Transistor im Bereich bis 10 mm liegen. Für die Spule ist spezielles dämpfungsarmes Kernmaterial erforderlich. Ausgewählte HF-Transistoren mit einer Transitfrequenz von z. B. 1 GHz werden hier benutzt.

... Alles andere ist Kaffeesatz-Deuterei, macht Verdruß und bringt nicht das wünschenswerte Aha-Erlebnis. Also das: „mal eben aufbauen" funktioniert nicht mehr im UKW-Bereich. Nur ein mechanisch und elektrisch solider Aufbau führt zum Ergebnis.

Nun wurden in früheren Zeiten für den Start einfache Pendelaudiongeräte gebaut, die bei Spezialsteuerempfängern auch heute noch verwendet werden können. Diese Geräte haben allerdings nun den Nachteil, daß ihre selbst erzeugten Schwingungen – und davon lebt ihre Funktion – über die Antenne abstrahlen und das mag der Funkstör-Meßdienst der Post ganz und gar nicht. Wird dem Pendelaudion ein UKW-Vorverstärker vorgeschaltet, so ist dieses Problem fast behoben. Besser dran ist natürlich der UKW-Super ... aber eben doch umfangreich im Aufbau. Elegant ist nun eine Lösung mit einer speziellen UKW IC TDA 7000 von Valvo, die sogar eine ZF-Verstärkung mit anschließendem Demodulator enthält.

4.1 Der UKW-Super mit dem Valvo-IC TDA 7000

Das Valvo-IC TDA 7000 enthält alle aktiven Bauelemente eines kompletten UKW-Empfängers bis zum Verstärker für das NF-

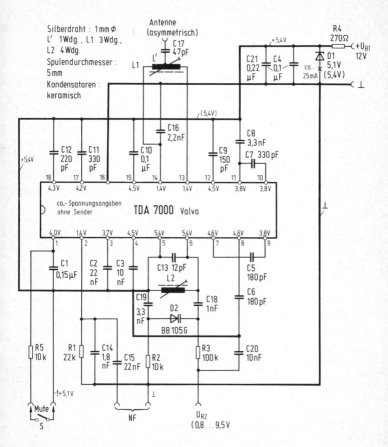

Abb. 4.1-1 Die Schaltung des UKW-Empfängers mit dem Valvo-IC TDA 7000

Ausgangssignal, das entsprechend seiner Größe nur noch einen nachgeschalteten NF-Leistungsverstärker benötigt.

Die externe Beschaltung ist nach *Abb. 4.1-1* nicht sehr umfangreich. Lediglich die Abstimmspulen für den HF-Eingang (Antennenkreis), einige Kondensatoren und die Oszillatorspule sind erforderlich. Schwingkreise für das ZF-Signal werden nicht benötigt, da dieses durch entsprechende Dimensionierung der Oszillatorfrequenz knapp unterhalb von 100 kHz liegt und im TDA 7000 aktiv über R-C-Filterkreise verstärkt wird.

Für das IC TDA 7000 sind folgende Daten interessant:

Speisespannung	U_S	2,7...10 V; typischer Arbeitsbereich 5 V
Speisestrom	I_S	ca. 8 mA
NF-Signal	U_{NF}	ca. 75 mV
NF-Bandbreite	B_{NF}	ca. 10 kHz
Empfangsbereich	f	1,5...110 MHz

In der Schaltung Abb. 4.1-1 sind die Spulendaten eingetragen. Für die erste Kontrolle finden Sie dort auch die Betriebsspannungen an den einzelnen IC-Pins ohne Antennensignal. Als Meßgerät wurde ein solches mit einem Innenwiderstand von 1 MΩ benutzt. Die gewählte 5,1-V-Z-Diode lieferte im Betrieb schließlich 5,4 V, so daß sich durch diese Erläuterung die Frage der Spannungsangabe in der Schaltung von selbst beantwortet. Als Kondensatoren kommen keramische Typen in Frage, die – sowie alle anderen Bauteile – extrem kurz an die Platinenbahnen herangeführt werden müssen. Um das für die Praxis aufzubereiten, sollen die folgenden Fotos dienen.

Die *Abb. 4.1-2* zeigt den Platinenaufbau. Diese Platine hat die gleichen Abmessungen wie der AM-HF-Vorverstärker der Abb. 2.2-3, also 52 mm × 135 mm. Die Antennenspannung wird asymmetrisch – 75 Ω Koaxleitung – nach einer Windung der Antennenspule als L' eingespeist. Also erhält die Vorkreisspule

Abb. 4.1-2 Das ist der Platinenaufbau für das Modulsystem.
Abmessung 52 mm × 135 mm

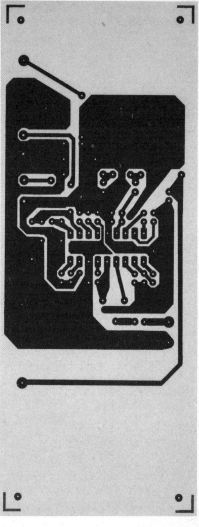

Abb. 4.1-3 Das Layout für die Platine.
Abmessung 52 mm × 135 mm

nach einer Windung eine Anzapfung für den Trennkondensator C17. Die Koaxabschirmung wird an die Platinenmasse angeschlossen. Dazu dienen die beiden Printnägel oberhalb Pos. 1 in Abb. 4.1-2. In der unteren Reihe der Printnägel sind von links nach rechts folgende Anschlüsse vorgesehen: Diodenabstimmspannung U_R; Masse; Mute-Anschlüsse („Stummschaltung", 2); Masse; NF; Bohrung ohne Nagel (Masse); Betriebsspannung U_{B1}.

Rechts von Pos. 1 in der Abb. 4.1-2 ist die Antennenabstimmspule. Sie erhält einen Ferritkern zur Abstimmung auf Bandmitte. Der Eingang des TDA 7000 dämpft den Eingangsschwingkreis, wozu auch noch die Antennenkopplung beiträgt. Aus diesem Grunde ist die 3-dB-Bandbreite sehr groß. Sie überdeckt mit Sicherheit den Bereich Band II (UKW), so daß sich eine Vorkreisabstimmung erübrigt. Die Induktivität ist so groß gewählt, daß der Schwingkreiskondensator aus Schalt- und Eingangskapazitäten gebildet wird. Einen getrennten Schwingkreiskondensator finden wir also nicht.

Links von Pos. 2 ist zunächst die kleine Kapazitätsdiode für die Oszillatorabstimmung und danach stehend die Oszillatorspule zu erkennen. Oszillator- und Vorkreisspule wurden zueinander um 90° gedreht, um eine geringe Rückwirkung der Oszillatorspannung auf den Antenneneingang zu erzielen – Störstrahlung ist hier das Stichwort.

Der Printplan in *Abb. 4.1-3* läßt große Masseflächen erkennen – ein Merkmal der HF-Technik, das im UKW-Bereich ganz besonders wichtig ist. In einem Maßstab 2 : 1 ist der Bestückungsplan in der *Abb. 4.1-4* zu sehen.

Die Anschlüsse gehen aus der *Abb. 4.1-5* hervor. Der Mute-Anschluß – Rauschunterdrückung zwischen den Sendern – ist hier nicht angeschlossen (Pos. 1). Man könnte nach Wunsch in der Schaltung Abb. 4.1-1 dafür einen Schalter vorsehen. Oberhalb der Pos. 1 wird ein abgeschirmtes Kabel angeschlossen, das in Pos. 2 den Eingang des NF-Verstärkers mit dem Ausgang des NF-

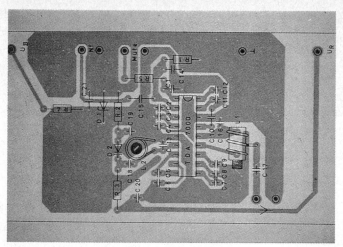

Abb. 4.1-4 Der Bestückungsplan des UKW-Supers

Abb. 4.1-5 ... und so wird die fertige Platine angeschlossen

Signales der UKW-Platine verbindet. Ganz oben wird die Betriebsspannung durchgeschleift. Links oberhalb von Pos. 3 geht ein Anschlußbügel auf die AM-Super-Platine. Diese Platine erhält an dieser Stelle nachträglich einen Printnagel (Masse). Dadurch wird erreicht, daß die AM-Super-Platine – auf Umwegen – über die Masse des NF-Kabels das Minuspotential erhält. Das ist bei UKW-Empfang insofern wichtig, als dadurch das Abstimmpoti für die Regelspannung U_{R2} Masse erhält ... übrigens würde sonst die LED auf dem Bedienfeld nicht leuchten. Die Positionen 5 und 6 sollen hier in der Abb. 4.1-5 nicht weiter wichtig sein.

Wenn diese Platine mit einer ca. 1 m langen Wurfantenne (ca. 0,75 mm^2 Drahtquerschnitt) betrieben wird, ergeben sich bereits hervorragende Empfangsergebnisse. Auf jeden Fall ist bei einem soliden Aufbau die Empfangsqualität moderner UKW-Empfänger zu erreichen.

Der Abgleich

Wenn der Aufbau fertig ist und eine erste Spannungskontrolle vorgenommen wurde, nehmen wir den Abgleich wie folgt vor:

Sie stellen die Regelspannung für die Kapazitätsdiode auf den niedrigsten Wert, also den Regler P2 in Abb. 2.1-1 auf ca. 0,8 V – begrenzt dort durch R19. Durch Ändern von R19 läßt sich somit die tiefste Empfangsfrequenz bestimmen. Mit dem Kern von L2, der Oszillatorspule, wird jetzt ein UKW-Sender kurz oberhalb des Polizeifunks im tiefsten Frequenzgebiet des UKW-Bandes, also bei ca. 87,5 MHz, eingestellt. Siehe dazu die Sendertabellen im „Kleinen Werkbuch Elektronik" (Franzis-Verlag). Anschließend wird der obere Frequenzbereich kontrolliert. Es müssen noch Sender im Bereich bis 103 MHz je nach Ortslage „eingefangen" werden können. Das gilt für die Einstellung des Reglers P2 (Abb. 2.1-1) auf ca. 9,5 V. Eine Bandbegrenzung oder Erweiterung im oberen Frequenzgebiet kann somit durch Ändern von R20 (Abb. 2.1-1) erfolgen.

Die Spule L1 stimmen wir folgendermaßen ab: Ein möglichst schwacher, schon verrauschter Sender wird in Bandmitte bei ca. 93 MHz eingestellt. Achtung, diese Frequenz ist nicht identisch mit der halben Betriebsspannung der Kapazitätsdiode, also ergeben rund 5 V Vorspannung nicht 93 MHz! Der schwach eingefangene Sender wird dann mit dem Kern von L1 auf maximale Lautstärke eingestellt.

Nun läßt sich mit der Schaltung nach Abb. 4.1-1 natürlich ein kleiner Batterie-UKW-Empfänger aufbauen. Wie macht man das?

4.2 Mini-Quadro – der kleine Batterie-UKW-Empfänger

Wir haben schon darüber gesprochen, daß sich mit dem Valvo-IC TDA 7000 die UKW-Empfangstechnik stark vereinfachen läßt.

Abb. 4.2-1 Der Mini-Quadro – ein kompletter UKW-Empfänger

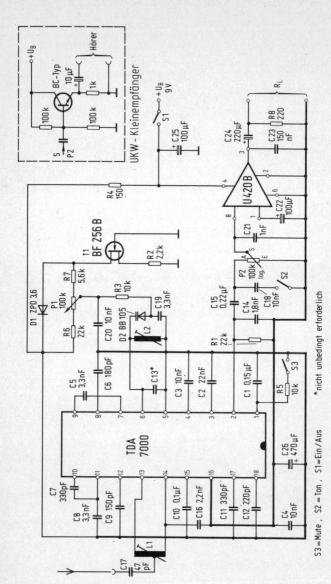

Abb. 4.2-2 Das ist die Schaltung des Mini-Quadro

S3 = Mute, S2 = Ton, S1 = Ein/Aus   *nicht unbedingt erforderlich

70

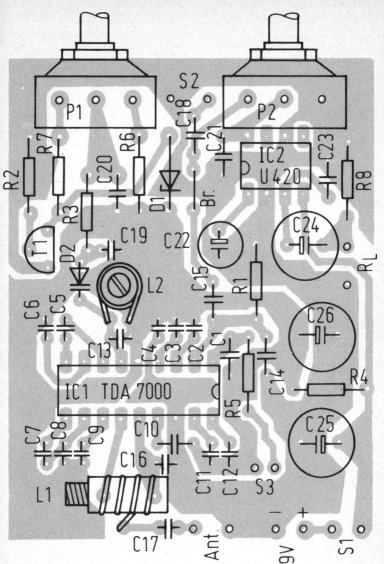

Abb. 4.2-3 Der Bestückungsplan des UKW-Empfängers

Denn dieses IC enthält ja bereits den Vorkreisverstärker, den Oszillator, die Mischstufe, ZF-Verstärker, Demodulation und NF-Vorverstärker. Mit wenigen Bauteilen kann so auch ein kompletter kleiner Batterieempfänger nach *Abb. 4.2-1* aufgebaut werden, dessen Verlustleistung den kleinen Schneemann kalt läßt.

Die Schaltung in *Abb. 4.2-2* stelle ich jetzt kurz vor. Sie ist im Empfangsteil in vielen Details identisch mit der vorherigen Schaltung der Abb. 4.1-1. Hinzugekommen ist der Stabilisationskreis für die Abstimmspannung und der Niederfrequenzverstärker. Die Spule L1 ist die Vorkreisspule. Sie ist auf einem 7-mm-Körper aufgebaut, hat 4 Windungen auf 0,8 mm Silberdraht und ist in der Mitte für die Antennenzuführung angezapft; ferner hat sie einen Abstimmkern. Der Platinenaufbau mit der Bestückung ist vergrößert im Maßstab 2 : 1 in *Abb. 4.2-3* zu sehen. Dazu gehört die Platine in der *Abb. 4.2-4*. Aus diesen Darstellungen ergibt sich der erforderliche hochfrequente, gedrängte Aufbau für den UKW-Bereich. Die *Abb. 4.2-5* läßt weiterhin die praktische Ausführung der Platine sehen, *Abb. 4.2-6* den Aufbau.

Das Gehäuse besteht aus einem geschraubten Aluminium-Teil in U-Form sowie aus einem gleich großen, geklebten Holzteil. Beide Teile passen genau ineinander, woraus sich die quadratische Form ergibt. Zwei kleine 1-mm-Nägel, die im Holzteil sitzen, passen in entsprechend angeordnete Bohrungen im Aluminium-Teil und ergeben den Halt. Für den kleinen 0,2-W-/8-Ω-Lautsprecher sind für die Schallöffnungen Bohrungen im Aluminium-Teil vorgesehen. (Eine NF-Umschaltbuchse läßt die Möglichkeit des Kopfhöreranschlusses zu.) Als Wurfantenne wirkt eine ca. 1 m lange isolierte Litze. Gummifüße machen das Gerät rutschsicher und verhindern Kratzer.

Die Schalter haben folgende Funktionen:
S1 = Betriebsschalter; S2 = Tonblendenschalter; S3 = Mute-Schalter. Die Kondensatoren C10, 11, 12, 15, 17 und 18 ergänzen das Tiefpaßverhalten des ZF-Verstärkers, der übrigens, wie

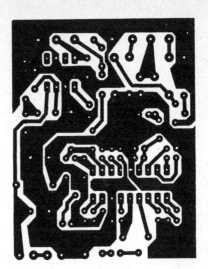

Abb. 4.2-4 So sieht das Layout für den UKW-Empfänger aus

Abb. 4.2-5 Die fertig gelötete Platine und der Aufbau des Gerätes

Abb. 4.2-6 Ein weiterer Einblick in den Mini-Quadro

Abb. 4.2-7 Zwei U-Teile bilden das Gehäuse des Mini-Quadro

schon vorher erwähnt, nicht wie gewohnt mit 10,7 MHz arbeitet, sondern für einen ± 15 kHz Tonhub eine Mittenfrequenz von ca. 70 kHz benutzt. Die Verstärkung erfolgt über einen selektiven R-C-Bandpaß-ZF-Verstärker. Die Oszillatorspule L2 ist ähnlich wie die Eingangsspule L1 aufgebaut. Auch hier werden 4 Windungen mit Kernabstimmung benutzt. Für die Senderabstimmung erhält die Kapazitätsdiode BB 105 (o. ä.) die Regelspannung über den Widerstand R3 zugeführt. Damit diese Spannung in weiten Bereichen unabhängig vom Batteriezustand ist, wird der Regelspannungshub mit der Z-Diode ZPD 3,6 stabilisiert. Diese erhält dafür einen Konstantstrom von ca. 1 mA über den Feldeffekttransistor T1. Der Regelbereich gegen Masse gemessen beträgt ca. 5,1...7,5 V. Also nur 2,4 V Hub für die Kapazitätsdiode. Sollte dieser Hub für Bandanfang und -ende des UKW-Bereiches nicht ausreichen, so können die Widerstände R6 und R7 entsprechend geändert werden.

Das demodulierte Tonsignal kommt über den Lautstärkeregler P2 zum 1-Watt-NF-IC U 420 B (Telefunken electronic). Am Ausgang ist ein 8-Ω-Lautsprecher angeschlossen. Bei Bedarf kann sogar unter Umgehung des U 420 B ein Ohrhörer über einen Emitterfolger angeschlossen werden. Diese Schaltungserweiterung ist in der Abb. 4.2-2 nicht enthalten. Wir können den U 420 B völlig entfallen lassen, wenn nur über den Kopfhörer empfangen werden soll ... das spart Batteriekapazität. Der Emitterfolger könnte ähnlich der Abb. 2.1-1 (T3) aufgebaut werden. Es wird dann allerdings ein Basisteiler erforderlich, der über 0,1 µF an den Schleifer von P2 angekoppelt wird. Weiter sollte der Koppelkondensator zum Ohrhörer eine Größe von ca. 10 µF aufweisen. Hörerimpedanz > 600 Ω. Diese Erweiterung ist gestrichelt eingetragen in Abb. 4.2-2.

Der Strombedarf des Gerätes liegt bei ca. 18 mA mit einer 9-V-Batterie. Die Empfangseigenschaften sind, wie schon in Kapitel 4.1 beschrieben, sehr gut. Die Sendervielzahl entspricht praktisch der eines teuren HiFi-Tuners ... allerdings ohne Stereowiedergabe.

Ergänzende Literatur

Nührmann: Radiobaseln – Der Einstieg in die Elektronik. Franzis-Verlag, München.

Nührmann: Der Hobby-Elektroniker ätzt seine Platinen selbst. FTB 56, Franzis-Verlag, München.

Benda: Wie liest man eine Schaltung? FTB 73, Franzis-Verlag, München.

Nührmann: Der Hobby-Elektroniker prüft Schaltungen. FTB 110, Franzis-Verlag, München.

Nührmann: Vom einfachen Detektor bis zum Kurzwellenempfang. FTB 162, Franzis-Verlag, München.

Nührmann: Tabellen für den Hobby-Elektroniker. FTB 344, Franzis-Verlag, München.

Wegener: Moderne Rundfunk-Empfangstechnik. Franzis-Verlag, München.

Sachverzeichnis

A
Abstimmpotentiometer 14
AM-CB-Funk 58
Antennen|abstimmspule 66
– ankopplung 44, 66
Arbeitspunkteinstellung 32, 35

B
Batterie-UKW-Empfänger 69
Betriebssicherheit 21

C
CB-Empfänger 59

E
Einkreisempfänger 11

G
Gegenkopplung 27

K
Kapazitätsdiode 10, 14
Keramikfilter 60
Koppel-Leitung 45
Kühlkörper 21
Kurzwellenlupe 34

L
Laut|sprecherschalter 12
– stärkeregler 13
Link-Leitung 42, 45

M
Mini-Quadro 69
Mute-Anschluß 66

N
Netz|eingang 17
– leitung 21
– schalter 12
NF-Verstärker 10, 22, 25

O
Output-Meter 13, 27

P
Pegeleinsteller 13

Q
Quarzoszillator 58

R
Rückkopplungs|empfänger 29
– regler 11

S
Sender-Abstimmung 44
SFZ 460   60
Siebglied 35
Signalverfolger 27
Spannungs|regler-IC 39
– verdopplungsschaltung 27
Sperrkreis 39, 44
Spulenkörper 39
Stiefelkernspule 39
Stromversorgung 17

T
TDA 1037   25
TDA 1072   50
TDA 7000   63, 69

Tonblende 13
Trafo, Primärwicklungs-
   anschlüsse 17

U
U 420 B 75
Überlagerungs|empfänger 50
– prinzip 50
UKW-Bereich 62
UKW-Super 62

V
Vorverstärker 27, 42

W
Wurfantenne 68

Z
ZF-Verstärker 75
Zweikreisempfänger 11